上海市工程建设规范

移动通信基站塔（杆）、机房及配套设施建设标准

Construction standard for tower (pole), site room
and accessory facilities of mobile communication base station

DG/TJ 08-2301-2019
J 14877-2019

主编单位：上海邮电设计咨询研究院有限公司
批准部门：上海市住房和城乡建设管理委员会
施行日期：2020 年 2 月 1 日

同济大学出版社

2020　上海

图书在版编目(CIP)数据

移动通信基站塔(杆)机房及配套设施建设标准/上海邮电设计咨询研究院有限公司主编.--上海:同济大学出版社,2020.3
ISBN 978-7-5608-9181-1

Ⅰ.①移… Ⅱ.①上… Ⅲ.①移动通信－通信设备－机房－基础设施建设－标准－上海 Ⅳ.①TN929.5-65

中国版本图书馆 CIP 数据核字(2020)第 029700 号

移动通信基站塔(杆)、机房及配套设施建设标准
上海邮电设计咨询研究院有限公司　主编

策划编辑	张平官
责任编辑	朱　勇
责任校对	徐春莲
封面设计	陈益平
出版发行	同济大学出版社　www.tongjipress.com.cn
	(地址:上海市四平路1239号　邮编:200092　电话:021－65985622)
经　　销	全国各地新华书店
印　　刷	浦江求真印务有限公司
开　　本	889mm×1194mm　1/32
印　　张	1.875
字　　数	50000
版　　次	2020年3月第1版　2020年3月第1次印刷
书　　号	ISBN 978-7-5608-9181-1
定　　价	16.00元

本书若有印装质量问题,请向本社发行部调换　　版权所有　侵权必究

上海市住房和城乡建设管理委员会文件

沪建标定〔2019〕583 号

上海市住房和城乡建设管理委员会
关于批准《移动通信基站塔(杆)、机房及配套
设施建设标准》为上海市工程建设规范
的通知

各有关单位：

　　由上海邮电设计咨询研究院有限公司主编的《移动通信基站塔(杆)、机房及配套设施建设标准》，经我委审核，现批准为上海市工程建设规范，统一编号 DG/TJ 08－2301－2019，自 2020 年 2 月 1 日起实施。

　　本规范由上海市住房和城乡建设管理委员会负责管理，上海邮电设计咨询研究院有限公司负责解释。

　　特此通知。

上海市住房和城乡建设管理委员会
二〇一九年九月十六日

前　言

根据上海市住房和城乡建设管理委员会《关于印发〈2017年上海市工程建设规范编制计划〉的通知》（沪建标定〔2016〕1076号）的要求，上海邮电设计咨询研究院有限公司会同中国铁塔股份有限公司上海市分公司，经过广泛调查研究，认真总结实践经验，并在广泛征求意见的基础上，制定本标准。本标准主管单位为上海市通信管理局。

本标准的主要内容有：总则；术语；移动通信塔桅与立杆建设；基站机房与室外型机柜建设；配套光缆接入管道建设；配套电源系统建设；动力环境监控系统建设；防雷与接地系统建设；安全、节能、环保及资源共享。

各单位及相关人员在执行本标准的过程中，如有意见和建议，请反馈至上海邮电设计咨询研究院有限公司（地址：上海市国康路38号；邮编：200092；E-mail：sptdi.sh@chinaccs.cn），或上海市建筑建材业市场管理总站（地址：上海市小木桥路683号；邮编：200032；E-mail：bzglk@zjw.sh.gov.cn），以供修订时参考。

主 编 单 位：上海邮电设计咨询研究院有限公司
参 编 单 位：中国铁塔股份有限公司上海市分公司
主要起草人：许　锐　冯　芒　沈　宏　吴炯翔　张　波
　　　　　　　田广胜　李　昕　张自强　章丽飞　蒋晨捷
　　　　　　　曹华梁
主要审查人：耿玉波　黄先斌　沈　阳　蒋　毅　王达威
　　　　　　　赵　炯　马　丹

上海市建筑建材业市场管理总站

2019年8月

目　次

1　总　则 ·· 1
2　术　语 ·· 2
3　移动通信塔桅与立杆建设 ·· 4
　3.1　选　型 ·· 4
　3.2　选　址 ·· 4
　3.3　基础的建设要求 ·· 6
　3.4　塔桅和立杆的建设要求 ·· 7
4　基站机房与室外型机柜建设 ··· 9
　4.1　一般规定 ·· 9
　4.2　基站机房选址原则 ·· 10
　4.3　基站机房建设要求 ·· 11
　4.4　室外型机柜设置原则 ··· 13
　4.5　室外型机柜建设要求 ··· 14
5　配套光缆接入管道建设 ··· 18
　5.1　建设原则 ·· 18
　5.2　建设要求 ·· 18
6　配套电源系统建设 ··· 19
　6.1　一般规定 ·· 19
　6.2　外电引入要求 ·· 19
　6.3　基站供电系统建设要求 ······································ 21
7　动力环境监控系统建设 ··· 23
8　防雷与接地系统建设 ·· 25
9　安全、节能、环保及资源共享 ····································· 26
　9.1　安全防护 ·· 26

9.2 绿色节能 …………………………………………	27
9.3 环境保护 …………………………………………	28
9.4 基础设施共建共享 ………………………………	29
本标准用词说明 …………………………………………	30
引用标准名录 ……………………………………………	31
条文说明 …………………………………………………	35

Contents

1 General provisions 1
2 Terms 2
3 Mobile communication tower and pole construction 4
    3.1 Facilities selection 4
    3.2 Site selection 4
    3.3 Technical requirements for construction of foundation
    6
    3.4 Technical requirements for construction of tower and pole
    7
4 Base station room and outdoor cabinet construction 9
    4.1 General requirements 9
    4.2 Siting principles of base station room 10
    4.3 Technical requirements for construction of base station room 11
    4.4 Deployments principles of outdoor cabinets 13
    4.5 Construction requirements of outdoor cabinets 14
5 Subsidiary access fiber conduit construction 18
    5.1 Construction principles 18
    5.2 Construction requirements 18
6 Power supply system construction 19
    6.1 General requirements 19
    6.2 Electricity introduction requirements 19
    6.3 Construction requirements of power supply system
    21

7 Construction of monitoring system of power, air conditioner and environment 23
8 Lightning protection and grounding system construction 25
9 Safety, energy saving, environment protection and sharing construction 26
   9.1 Safety protection 26
   9.2 Energy saving 27
   9.3 Environment protection 28
   9.4 Co-construction and sharing 29
Explanation of wording in this standard 30
Normative standard 31
Explanation of this standard 35

1 总　则

1.0.1 为统一规范上海市公用移动通信基站基础设施建设,适应移动网络发展,实行行业内外的共建共享,特制定本标准。

1.0.2 本标准主要适用于公用移动通信基站的塔桅、立杆、机房和光缆接入管道、电源、动力环境监控等设施的新建、改建和扩建工程,也适用于共享其他行业资源建设基站基础设施的工程。其他同类工程在技术条件相同的情况下也可执行。

1.0.3 移动通信基站基础设施的建设应能满足电信业务经营者基站建设的要求,并遵循行业内和行业间的共建共享原则。

1.0.4 移动通信基站基础设施的建设中涉及国防安全的,应执行国家现行相关法规的规定。

1.0.5 移动通信基站基础设施的建设应密切结合通信发展的实际,合理利用资源,节约土地、能源和原材料的消耗,保护环境和景观。

1.0.6 移动通信基站基础设施的建设,除应符合本标准外,尚应符合国家和本市现行有关标准的规定。

2 术 语

2.0.1 基站 base station
安装移动通信系统无线收发信设备的通信站。

2.0.2 首层 the first floor
建筑地面及以上的第一层。

2.0.3 射频拉远单元 radio remote unit(RRU)
分布式基站中可与基带单元异地安装的射频处理单元。

2.0.4 有源天线单元 active antenna unit(AAU)
一个或多个RRU与天线集成在一起的设备。

2.0.5 一体化微站 integrated smallcell equipment
基带与射频、天线集成在一起或仅基带与射频集成在一起的设备。

2.0.6 室外型机柜 outdoor cabinet
安装于户外的机柜,其内部可安装通信系统设备、开关电源、电池、动环系统及其他配套设备,能为内部设备正常工作提供可靠的机械和环境保护。

2.0.7 微型射频拉远单元 micro radio remote unit(mRRU)
小型化、低功率射频拉远单元。

2.0.8 勒脚 plinth
为了防止雨水反溅到墙面,对墙面造成腐蚀破坏,结构设计中对窗台以下一定高度范围内进行外墙加厚,即建筑物的外墙与室外地面或散水部分的接触墙体部位的加厚部分,称为勒脚。

2.0.9 自动转换开关 automatic transfer switch(ATS)
具备在主用电源故障时将负载自动切换至备用电源,主用电源恢复后再将负载自动切回主用电源的开关功能。

2.0.10 一体化电源 integrated power

一体化 UPS 电源和一体化直流电源的统称：一体化 UPS 电源指交流配电、UPS 模块、蓄电池组和监控单元组合在同一个机架内的电源系统；一体化直流电源指交流配电、直流配电、整流模块、蓄电池组和监控单元组合在同一个机架内的电源系统。

2.0.11 通信局（站）用智能热交换系统 intelligent heat exchanger for telecommunication stations/sites

利用室外自然冷空气，通过智能控制将外部冷空气经过净化后直接引入设备，在设备内部通过隔离的显热交换芯体与机房内部热量进行交换，排出机房内部热量的空气调节系统。其本身不带任何制冷元件，实现室内风冷降温，减少局（站）空调能耗。

2.0.12 通信局（站）用智能新风节能系统 intelligent energy saving system by fresh air for telecommunication stations/sites

通过智能控制将外部冷空气经过净化、处理后引入机房，排出机房内部热空气的空气调节系统。其本身不带任何制冷元件，利用室外自然冷空气实现室内风冷降温，减少局（站）的能耗。

2.0.13 基带处理单元 base band unit(BBU)

2G、3G 和 LTE 阶段分布式基站的基带处理功能单元。

2.0.14 分布式单元 distributed unit(DU)

5G 基站的低层协议功能单元，不含射频部分。

2.0.15 集中处理单元 central unit(CU)

5G 基站的高层协议功能单元，可集中设置、远程接入多个 DU 单元或与 DU 合设。

3 移动通信塔桅与立杆建设

3.1 选 型

3.1.1 架设天线的塔桅与立杆的类型应根据规划站点位置的环境和天线挂高要求选择：

    1 规划站点处已有建筑物时，建筑物顶低于天线设计挂高6m以内且目标覆盖方向无阻挡时，宜在建筑物楼顶设置抱杆架设天线。

    2 规划站点处已有建筑物时，建筑物顶低于天线设计挂高6m及以上且建筑物楼顶平台满足架设条件时，宜架设楼顶塔。

    3 无可利用建筑物的情况下，应建设落地塔或立杆架设天线。

3.1.2 塔桅和立杆的建设应与所依托的建筑物和周边环境相协调。

3.1.3 规划站点位置已有通信、电力、路政等塔或立杆设施的，应优先考虑共享已有设施资源。有改造需求的，应与塔杆设施所属方协商改造，并不应影响原有塔杆设施功能；无法改造共享的，可新建塔杆等设施。

3.1.4 规划站点与其他行业塔杆规划位置需求一致时，应优先选择多杆合一方式建设。

3.2 选 址

3.2.1 基站站点和塔桅、立杆地址选择应满足现行行业标准《移动通信基站工程技术规范》YD/T 5230 的有关规定。

3.2.2 目标站址有可利用的其他行业塔杆、城市家具设施时,应优选共享或共建使用并应遵循以下要求:

  1 根据规划站点的挂高和可选设备形态,选择适宜的社会设施资源并符合行业和地方的相关规范要求。

  2 新建多行业综合杆应兼顾各行业需求,合理选择立杆位置。

  3 共用塔杆应满足塔杆原有功能要求,符合原行业技术要求。

  4 共用塔杆应满足通信天线挂高、设备架设和线缆敷设要求,已有设施无法满足的应在土建设计核算可行的基础上改造后使用,或替换原有杆体重建综合杆。

3.2.3 站址应选在规划站点附近,站址偏离距离应满足网络结构要求:站址与规划位置的偏差在主城区及新城宜小于站间距的 $1/8 \sim 1/6$,其他区域宜小于站间距的 $1/4$,并应同时满足《上海市公用移动通信基站设置管理办法实施细则》规定的站址偏离要求。

3.2.4 站点架设天线位置主瓣方向 100m 范围内应无阻挡,覆盖目标距离天线位置不足 100m 时其间应为开阔空间。

3.2.5 新建塔桅、立杆型基站选址应符合以下要求:

  1 所选站址应满足路通、电通并方便施工用水。

  2 所选站址应避让边坡、河浜、地下暗浜等不良地质条件的场地。

  3 楼顶基站所在建筑物或构筑物应满足塔桅建设的面积和承重需求。

  4 新建落地基站场地应满足基础建设的面积和挖深要求。

  5 地面新建塔桅、立杆型基站与加油(气)站、危险仓储等易燃易爆设施周边建筑物防火间距应符合现行国家标准《建筑设计防火规范》GB 50016 及《汽车加油加气站设计与施工规范》GB 50516 的要求。

6 建设塔桅、立杆型基站应符合本市城乡规划的建筑限高要求,并应符合《民用机场管理条例》中净空保护和电磁环境保护的规定。

3.3 基础的建设要求

3.3.1 塔桅和立杆基础的建设应符合现行国家标准《混凝土结构设计规范》GB 50010、《高耸结构设计规范》GB 50135、《构筑物抗震设计规范》GB 50191、《混凝土结构工程施工质量验收规范》GB 50204、《钢结构焊接规范》GB 50661、《通信局(站)防雷与接地工程设计规范》GB 50689、《钢结构工程施工规范》GB 50755,现行行业标准《钢筋焊接及验收规程》JGJ 18、《电信基础设施共建共享技术要求 第1部分:钢塔架》YD/T 2164.1、《移动通信工程钢塔桅结构设计规范》YD/T 5131、《移动通信工程钢塔桅结构验收规范》YD/T 5132,现行上海市工程建设规范《建筑抗震设计规程》DGJ 08－9、《地基基础设计标准》DGJ 08－11的有关规定。

3.3.2 塔桅和立杆基础建设应满足以下要求:

1 塔桅和立杆地基基础的岩土工程勘察、设计、施工、验收应委托有相关资质的单位承担。

2 塔桅和立杆基础设计时应考虑施工空间、时限等环境因素,制定合理的基础设计方案。

3 塔桅和立杆基础施工中应根据具体场景选择采取钢板桩/木桩支护、管道临时迁移等措施保护邻近的建筑物、构筑物、地下管道等设施。

3.3.3 地面基站室外地坪不应低于周边的自然地坪,不宜低于周边路面标高。

3.3.4 塔(杆)和配套的落地机房或室外机柜离道路距离6m及以上时,其至道路间应留有维护通道。

3.3.5 塔(杆)至人(手)孔、机房、室外机柜等应预留地下管道路由,单管塔(杆)应在基础内部预埋穿线管和排水管;穿线管应采用钢管。

3.4 塔桅和立杆的建设要求

3.4.1 塔桅和立杆的建设应符合现行国家标准《钢结构设计规范》GB 50017、《高耸结构设计规范》GB 50135、《构筑物抗震设计规范》GB 50191、《钢结构焊接规范》GB 50661、《通信局(站)防雷与接地工程设计规范》GB 50689、《钢结构工程施工规范》GB 50755,现行行业标准《电信基础设施共建共享技术要求 第1部分:钢塔架》YD/T 2164.1、《移动通信工程钢塔桅结构设计规范》YD/T 5131、《移动通信工程钢塔桅结构验收规范》YD/T 5132及现行上海市工程建设规范《建筑抗震设计规程》DGJ 08-9的有关规定。

3.4.2 塔桅和立杆的建设应符合以下基本要求:

    1 塔桅和立杆的建设应综合考虑基础设计及施工、钢结构的制作、运输、安装的可行性和便捷性,以及建成后的环境影响和维护的便利性。

    2 塔桅和立杆的建设应满足通信设备的安装要求:平台和桅杆设置应满足共建站点各系统的配置要求,应满足挂载的天线、RRU、AAU、一体化微站等设备的承重、风荷和安装空间要求,应满足不同系统天线间的空间隔离度要求,并应兼顾通信系统扩容需求。

    3 在满足安全适用、经济合理的前提下,塔桅建设应与周边环境及景观相协调。

    4 塔桅、立杆的设计、加工、安装和维护应委托有相关资质的单位承担。

3.4.3 与其他行业共用综合功能塔(杆)等设施应同时满足相关行业和通信行业的技术标准的规定;对不同功能的设备宜分平台

设计承载，相关线缆布设通道宜分仓构造。

3.4.4 塔桅、立杆应设置垂直馈线固定设施，角钢塔应设置馈线走线架，馈线架的横撑间距应为800mm～1500mm，单管塔、杆的馈线出口应封堵。

3.4.5 塔、立杆上宜设置通向塔(杆)顶的固定爬梯、爬钉等攀登设施，攀登设施的步距宜为200mm～400mm，爬梯宽度不宜小于500mm，爬钉长度不宜小于110mm，塔(杆)外部爬梯(爬钉)下端离地高度不应小于2.5m。对立杆形态有特殊要求并可通过登高车等其他方式维护时，可不设爬梯或爬钉。

3.4.6 塔桅和立杆应采取下列安全措施：

　　1 应根据塔型设置安全绳(带)的挂索(环)、防护栏等安全防护设施。

　　2 格构式塔最下段塔身应采用防盗螺栓。

　　3 地脚锚栓应在验收后采用低标号混凝土包封等防盗、防腐措施。

　　4 单管塔(杆)底部人(手)孔应设置门锁。

3.4.7 机场、航线附近、飞行区等可能影响飞行安全的区域内建设的塔(杆)应按航空管理的有关规定设置航空障碍灯和标志，航空障碍灯宜选择太阳能供电类型。

3.4.8 塔桅和立杆建成后，2年内每半年应检查1次，2年后每3年～5年应检查1次，经历六级以上大风后应检查1次。

3.4.9 塔桅和立杆检查中，应对塔(杆)身轴线、基础及所有节点做全面检测，发现塔(杆)身歪斜、基础不均匀沉降、节点或构件损伤等异常情况时应会同建设单位和设计单位进行处理。

4 基站机房与室外型机柜建设

4.1 一般规定

4.1.1 基站机房建设应符合现行行业标准《移动通信基站工程技术规范》YD/T 5230、《电信基础设施共建共享技术要求 第2部分:基站设施》YD/T 2164.2、《通信建筑工程设计规范》YD 5003、《租房改建通信机房安全技术要求》YD/T 2198 的有关规定,地面新建机房还应符合本市土地规划的有关要求。

4.1.2 室外型机柜的建设应符合现行行业标准《通信系统用室外机柜安装设计规定》YD/T 5186、《通信系统用户外机柜》YD/T 1537、《移动通信基站工程技术规范》YD/T 5230 和《电信设备安装抗震设计规范》YD 5059 的有关规定。

4.1.3 新建基站除设备直接挂杆或挂壁安装的,根据建设环境、业主要求、性价比和扩容需求等,可选择设置机房或室外机柜方式:

1 征地区域或业主提供的可租用房满足基站设备安装的空间和机房加固及装修的要求时,可采用新建或租用机房方式。

2 征地面积无法满足机房建设要求的落地塔基站,可采用室外机柜方式。

3 不具备租赁或自建机房条件的楼顶塔、楼顶抱杆基站,可采用室外机柜方式。

4 基站内设备的安装、维护和扩容不要求机房环境时,可采用室外机柜方式。

5 楼顶空间和承重满足室外机柜的加固和安装要求时,可采用室外机柜方式。

6 重点通信保障和自然环境恶劣的站点,宜采用新建或租用机房方式。

7 设置于道路旁人行道或绿化带内的杆类基站,宜采用室外机柜方式。

8 设置于园区或小区内的杆站,可采用室外机柜或机房方式。

4.2 基站机房选址原则

4.2.1 楼顶新建宏站采用租用机房时,机房宜靠近楼顶天面,并不宜选择在生活、消防水箱下或贴临位置。

4.2.2 落地塔基站设置机房时,机房应满足空间和防水要求。

4.2.3 站点本地机房至天线的走线路由长度不宜大于100m。

4.2.4 室内覆盖基站机房不宜设在顶层、无地下室的首层或地下最低层。

4.2.5 机房选址应符合现行行业标准《通信建筑工程设计规范》YD 5003中的防洪规定,并应满足以下防水排水要求:

1 机房不应选择在易受雨水淹灌的地区。场地内宜有畅通的雨水排水系统;当场地内为无组织排水时,场地应高于基地周围地面,并有不小于0.3%的排水坡度,且应考虑出水的通畅。

2 当机房设在顶层时,其屋面应满足防渗漏、保温、隔热、耐久、节能的建筑性能要求。

3 当机房设在首层或地下室、半地下室时,应采取有效措施满足防水、防潮、节能要求,其围护结构应有良好的整体性。

4.2.6 基站机房应满足以下荷载要求:

1 新建机房楼面活荷载不宜小于$6kN/m^2$。

2 无法取得楼层活荷载指标时,应先复核承重。

3 对于租房改建和利旧机房改造的工程,楼面活荷载可不受现行行业标准《通信建筑工程设计规范》YD 5003-2014中表

8.2.2通信建筑的楼面等效活荷载的限制,但通信设备(包括通信主设备、电池组、开关电源等)及检修荷载产生的效应必须满足既有建筑结构承载能力的要求。复核时,应根据所采用的通信设备的重量、底面尺寸、排列方式及原有房屋建筑结构的梁板布置和配筋情况等进行核算。

4.2.7 所选基站机房或设备安装空间尺寸要求应按表 4.2.7 执行。

表 4.2.7 基站机房/设备安装空间尺寸要求

机房空间要求	宏站机房	室内覆盖设备空间/100000m² 建筑面积
最低净高	不宜低于 2.8m	不宜低于 2.8m
机房/空间面积	不宜小于 20m²	不应小于 15m²
机房/空间形状	宜为矩形,窄边不宜小于 2.5m	宜为矩形,窄边不宜小于 2m

4.3 基站机房建设要求

4.3.1 地面机房室内地坪应高于周边路面 0.3m 以上。必要时,应设计防水门槛并同时加强建筑勒脚的防水处理。

4.3.2 机房地面、墙面等的面层材料,应采用阻燃、防静电、光洁、耐磨、耐久、不起尘、防滑、环保的材料。在任何情况下,机房内均不应出现结露现象。

4.3.3 机房原有窗及玻璃幕墙封堵时,缝隙处的封堵应满足防水、防渗漏要求,内侧应采用遮光、防火、隔热材料封堵。

4.3.4 装修改建机房的墙面、顶棚、设备安装的抗震设计应符合现行国家标准《建筑抗震设计规范》GB 50011 的相关规定。

4.3.5 机房楼地面、墙面、顶棚的防静电设计应符合现行行业标准《租房改建通信机房安全技术要求》YD/T 2198 的相关规定。

4.3.6 机房门宜为外开,门洞大小应满足设备安装维护的搬运要求,宽度不宜小于0.9m,高度不宜小于2m。

4.3.7 租用机房内原有集中式空调风口应封堵。

4.3.8 除机房门、进线孔/洞外,机房墙体不应开设门窗/孔/洞,不使用的门窗/孔/洞应采用非燃烧材料进行封堵,并满足防渗漏要求。用于封堵的非燃烧材料耐火等级不应低于机房墙体的耐火等级。电缆等各种贯穿物穿越墙壁或楼板时,应按现行行业标准《通信建设工程安全生产操作规范》YD 5201实施防火封堵。

4.3.9 机房应满足以下防火要求:

   1 机房的消防安全要求应按相应的现行国家或行业的建筑设计防火规范、标准执行,应符合现行行业标准《共建共享的电信基础设施维护技术要求》YD/T 3113、《租房改建通信机房安全技术要求》YD/T 2198的有关规定。

   2 机房建筑构件的燃烧性能和耐火极限应按其相应建筑主体的不同耐火等级进行设计,不应低于现行国家标准《建筑设计防火规范》GB 50016中的规定。

   3 机房的室内装修材料防火要求,应满足通信工艺的要求和现行国家标准《建筑内部装修设计防火规范》GB 50222的相关规定。

   4 机房采用租用房屋的,其分隔和材料选用应符合现行国家标准《建筑设计防火规范》GB 50016的要求:其耐火等级不应低于租用房屋建筑的耐火等级且不应低于二级;位于地下或半地下建筑(室)和一类高层建筑的机房,其耐火等级不应低于一级。

4.3.10 基站机房照明应符合下列规定:

   1 机房照度应满足现行行业标准《通信建筑工程设计规范》YD 5003中移动通信基站机房照度的相关规定。

   2 机房照明灯具应避开走线架吸顶安装,并采用节能灯具。

   3 机房内可配置应急灯。

   4 照明开关、应急灯插座应设置在墙上距地1.4m处。

4.3.11 机房内应安装空调用三相或单相电源插座,并在设备附近的墙上距地 0.3m 处安装单相电源插座。

4.3.12 机房走线架配置应满足以下要求：

1 机房走线架应采用双层走线架，在机房净高不足 3m 时可采用单层走线架。

2 走线架应固定牢固；对非承重墙体侧的走线架应采用落地支撑杆或吊杆固定。

3 分段走线架应采用截面不小于 $6mm^2$ 的接地线进行连接，并连接到机房总接地排上。

4.3.13 基站机房应配置小型机房通用单冷空调或专用精密空调，空调容量应按近期需求核算，按 N+1 单机能力配置。空调室内机应选用柜式或挂壁式。

4.3.14 地面机房应在地下预埋至落地塔（杆）的馈线和光缆管道，机房旁应分开预置外市电及传输接入的人（手）井及进线管道。

4.3.15 外市电电缆与光缆应分井引入并均采用下方进线和出线。

4.4 室外型机柜设置原则

4.4.1 室外型机柜根据安装方式可分为落地式、杆挂式和墙挂式机柜。

4.4.2 室外型机柜根据功能和维护需求，可设置为设备柜、配套柜和综合柜三种类型：设备柜主要放置基站 BBU、RRU、传输设备等通信设备；配套柜主要放置交流配电单元、整流器、蓄电池组及动环监控等配套设备；综合柜放置配套电源、动环监控和少量通信设备。每种类型机柜均应配置直流配电单元。

1 3 个及以下 RRU 或小型化 mRRU 等设备安装于机柜，可采用综合柜形式。

2 RRU 挂杆或挂壁安装，可采用独立的配套柜形式。

3 3个以上RRU等无线设备安装于机柜,可采用设备柜加配套柜组合形式。

4.4.3 室外型机柜的选址应符合下列规定：

　　1 落地室外型机柜应设置于地势相对平坦、水平位置较高处,其位置不应严重积水,并应设置钢筋混凝土底座。

　　2 楼顶室外型机柜应安装于槽钢或经过槽钢加固的水泥底座上,安装位置应由土建设计单位经承重核算、出具加固方案后确定。

　　3 室外型机柜应设置在靠近通信铁塔(杆)或楼顶天线的位置。

　　4 小型化、一体化设备室外安装可采用挂墙或挂杆室外型机箱方式,安装时应考虑墙体或杆体的承重。

　　5 杆高15m以下杆站,RRU安装于落地机柜时,室外机柜至天线的馈线路由长度不宜大于30m。

4.4.4 室外型机柜应优选与可用的城市基础设施合设,自建室外型机柜在不影响基站设施功能的条件下,应提供有需求的其他行业共享使用。

4.4.5 室外型机柜设置应满足安全适用、经济合理、维护便利的要求,并应与周边环境及景观协调。

4.5　室外型机柜建设要求

4.5.1 室外型机柜应满足以下要求：

　　1 室外型机柜宜配置空调,仅安装RRU设备的机柜可选用风扇散热型机柜。

　　2 机柜柜体宜采用拼装式结构,便于二次搬运；机柜应能实现至少3次的无损拆装,拆装所需作业应方便、快捷。拆装后应能保持机柜IP等级不降低。

　　3 机柜应具备防盗功能,机柜的外部应无裸露螺丝和线缆,避免由外部拆卸面造成盗窃隐患。

  4 机柜应能抵御普通机械手动工具和脚踹等人为冲击。

  5 机柜应配置温度、烟雾、水浸、门禁等开关量和蓄电池的总电压、市电电压、市电电流等模拟量的环境监控单元，在机柜遇到环境安全问题时应能立即通知监控中心。

  6 多行业共享机柜中对不同功能的设备及线缆宜采用隔离设置布局。

4.5.2 室外型机柜基础建设应满足以下要求：

  1 传统室外型机柜的基础建设，应在落地塔或杆类基站建设中与铁塔或杆基础、管道预埋同步实施，与地面基础结构固定，不可轻易拆卸。

  2 地面安装的室外型机柜基础中应预埋至落地塔（杆）的馈线管道，机柜旁应分开预置外市电及室外站设备传输接入的人（手）孔及进线管道。

  3 楼顶安装的室外型机柜，应经槽钢加固或固定于水泥底座上，槽钢或水泥底座应满足室外机柜及其内置设备的承重和抗震要求。

  4 考虑防止地面常规积水和流水等因素，室外机柜底座顶高出地面不宜低于0.2m，并应保证机柜底部不低于周边建筑物的一层楼面和路面地坪。具体底座顶距地高度应根据柜址设置环境确定，如设置于人行道、绿化带中的机柜可不低于0.2m；设置于农田时，可不低于0.9m；在海绵城市规划的蓄水等易造成积水的区域、下凹式场所，底座高度应相应增加。

4.5.3 室外型机柜电源系统建设应满足以下要求：

  1 室外型机柜电源系统根据基站实际需求，可配置交流配电单元、整流单元、蓄电池和接地单元。

  2 室外型机柜如需配置2组蓄电池组，应采用上、下分层安装，中间安装抗震搁板。

  3 室外型机柜内部应设置接地排，接地排应独立引接至地网。

4.5.4 室外型机柜线缆布放应满足以下要求：

1 除外走线落地塔（杆）基站馈线外露敷设的情况以外，室外型机柜相关外市电电缆、光缆、馈线等线缆均应采用暗线方式布放。

2 机柜安装于无物业管理的室外地面时，所有线缆应从机柜底部水泥基础中的预置管道引出和引入。

3 线缆穿放后，机柜底部的孔洞应进行防潮封堵。

4 外市电电缆与光缆应分井引入并均采用下方进线和出线，交流输入端应加装浪涌保护器。

5 各机柜间走线均应采用下方进线、出线，所有线缆均应进行穿管保护并固定；弯曲时，应满足各类线缆的弯曲曲率半径要求。

6 机柜内走线时，信号电缆与电源电缆应分开布放、分类绑扎，分别布放在机柜两侧固定架内侧。

7 各电信业务经营者均应从其所在机柜配置的直流分配单元引电；不同电信业务经营者在同一机柜内的电源线，宜分隔绑扎固定。

8 楼顶安装的室外型机柜，有馈线布放需求的，室外走线架应布放至机柜处；地面安装的室外型机柜，馈线应采用下方出线、从机柜设备底部预埋管孔引至落地塔（杆）。

4.5.5 室外型机柜柜体与柜内接地排应与地网良好连接，防雷接地应符合现行国家标准《通信局（站）防雷与接地工程设计规范》GB 50689 的有关规定。

1 地面安装的室外型机柜应在基站安装工程开始之前完成基础接地设施铺设。

2 如混凝土基墩所处地质较松、湿润或地阻率较小，应将地网敷设在混凝土基墩底下。

3 如基墩内部采用了钢筋，应将地网与基墩内的钢筋焊接。

4 在土壤导电性差或缺少土壤的岩石区时,应将地网敷设在混凝土基墩附近或满足地阻要求的较远的地方,通过镀锌扁钢引到基站附近的地面上。

5 楼顶安装的室外型机柜应与大楼避雷带相连;如避雷带不满足接地要求,应新建地网与机柜相连。

6 雷雨天气时,不得对室外型机柜内外进行操作。

5 配套光缆接入管道建设

5.1 建设原则

5.1.1 配套光缆接入管道建设应符合现行行业标准《通信管道与通道工程设计规范》YD 5007、《通信管道工程施工及验收技术规范》YD 5103 的有关规定。

5.1.2 基站建设时,应在新建机房或室外机柜(箱)旁设置传输站前人(手)孔,并预设进站管孔;连通基站的有线接入网络,由各电信业务经营者通过新建管道与该站前人(手)孔沟通来部署。

5.1.3 机房或室外机柜/箱与传输站前人(手)孔间预留的管孔总数应满足各电信业务经营者的需求,机房及室外机柜型宏站可按每家电信业务经营者 1~2 孔不小于 $\phi 89mm$ 的管道预留,微站室外机柜/箱可按每站 1~2 孔不小于 $\phi 89mm$ 的管道预留;各电信业务经营者可根据需求一次性或分批敷设子管。

5.2 建设要求

5.2.1 对应管孔数的人(手)孔规格选择应符合现行行业标准《通信管道人孔和手孔图集》YD/T 5178 的规定。

5.2.2 设置在人行道或绿化带内的管道人井盖宜采用复合盖板,设置在路口和慢车道的管道人井盖宜采用球墨铸铁盖板并加锁。

5.2.3 开挖管道管材宜采用直径 $\phi 110mm$ 的 VB 管,顶管管材宜采用直径 $\phi 100mm$ 高强度改性 PVC 管(MPVC-R 管)或 PE 管、硅芯管,机动车可能行驶处的开挖管道管材宜采用直径 $\phi 110mm$ 的高强度聚乙烯管(MPVC-T 管)或 $\phi 102mm$ 钢管,出土管宜采用直径 $\phi 89mm$ 钢管。

6 配套电源系统建设

6.1 一般规定

6.1.1 基站电源系统建设应符合现行国家标准《低压配电设计规范》GB 50054、《电力工程电缆设计规范》GB 50217、《通信电源设备安装工程设计规范》GB 51194，现行行业标准《通信局（站）电源系统总技术要求》YD/T 1051、《移动通信基站工程技术规范》YD/T 5230 及现行上海市工程建设规范《民用建筑电气防火设计规程》DGJ 08－2048 的相关要求。

6.1.2 基站电源系统应根据共建共享需求统筹配置部署。

6.2 外电引入要求

6.2.1 基站采用市电作为主用电源时，宜就近引入三类及三类以上市电，外市电引入应具有一定的可扩容能力。无市电引入条件的海岛等场景站点主用电源可采用风力、太阳能电源等供电。

6.2.2 设置机房的站点外市电引入电压应选用 380V；室外机柜型站点外市电宜引入 380V，基站负荷小于 10kW 时外市电可引入 220V；杆站外市电宜引入 220V。

6.2.3 供电局直接供电的站点电源计量装置宜设置在基站侧，由其他业主供电的站点电源计量装置宜协同业主意见设置在基站或低压配电侧。电信业务经营者自行配置的电源计量设备应留有自动抄表接口。

6.2.4 基站外市电容量配置应按远期负荷考虑。5G 系统外按引入系统数量和配套设备安装条件分类的共站建设，外市电容量宜按表6.2.4配置;每新增一套5G宏基站系统应满足基站设备4kW、传输接入设备0.7kW的功耗需求。

表6.2.4 基站用电容量参考

配套设备形态	最大共站情况	用电容量	典型天线挂载方式
宏站机房	9系统	40kW	楼顶抱杆、楼顶塔、落地塔
室外机柜	9系统	30kW	楼顶抱杆、楼顶塔、落地塔、立杆
宏站机房	4系统	20kW	楼顶抱杆、楼顶塔、落地塔
室外机柜	4系统	10kW	立杆
室外机箱	2系统	2kW	立杆
室外机箱	单系统	1kW	立杆
室外机箱	单小区	0.5kW	立杆
覆盖面积10万m^2及以下的室内覆盖机房	7系统	20kW	室内分布

注:除配置室外机箱的三种立杆站外,其他建设方式基站用电按配备蓄电池考虑。

6.2.5 具有独立变压器的基站或基站设置在具有变压器的建筑物内时,低压交流供电系统应采用TN-S接地方式。当基站距离供电变压器较远时,低压交流供电系统可采用TT接地方式,基站交流电源输入端应设置相应的漏电保护装置。

6.2.6 基站用电应从低压配电系统的一级或二级配电装置中的独立开关引出,不与其他设备共用供电回路。室内覆盖系统及杆站可根据环境条件就近引入交流电源。

6.2.7 业主提供主、备双路电源的站点,应由业主方双路电源切换后供电,或在基站端配置双路电源自动切换装置ATS。

6.2.8 从业主低压配电系统引接交流电源时,应考虑该系统三相交流电源平衡,选择引入单相或三相交流电源。

6.2.9 当引电距离超出规范要求时,应核算压降是否满足设备电压变动范围的要求;不满足时,应经技术经济比较后,采用提高电缆规格或增加调压设备等方法解决。改造后的基站供电线路，采用220V交流电源时引电距离不宜大于200m，采用380V交流电源时引电距离不宜大于1000m。

6.2.10 地面基站的电力线宜采用具有金属护套或绝缘护套的电缆穿钢管埋地或经电缆沟引入，位于建筑物内的基站宜采用金属护套或绝缘电缆穿管或经电缆桥架引入。

6.2.11 基站应设置交流配电箱或配电屏。

1 交流配电箱(屏)可设置多回路交流计量，计量应留有自动抄表接口。

2 共建共享采用交流计量时，计量回路数量应不少于共享方数量并预留至少1个冗余回路。

3 交流配电箱(屏)应设置移动发电机组供电接口，市电和移动发电机组应采用机械互锁方式进行联锁。

6.2.12 对配置蓄电池的基站，应根据其总数量选取一定比例配置共用的移动或便携式发电机组作为备用电源，用电容量小于10kW的基站宜选用便携式汽油发电机组。移动发电机组应设置在室外通风场所。

6.2.13 微站应就近引入外市电，分布密集的微站也可通过其中方便引入外市电的站点进行统一供电。

6.3 基站供电系统建设要求

6.3.1 室外RRU采用直流供电方式时，RRU到机房直流供电设备的电缆长度不大于100m时，宜采用−48V直流集中供电方式；电缆长度大于100m或直流电缆敷设困难时，应优先采用分散供电方式；分散供电不便或高成本的场景下，电缆长度不大于200m时，可提高电缆规格、采用−48V直流远供；电缆长度大于200m时，应采用220V交流远供或240V～400V高压可调直流远供。交流远供应配置逆变器或UPS，高压直流远供应配置升降压设备。

6.3.2 基站设备安装在室外的站点可配置一体化电源；室外壁挂式一体化电源备电电池宜采用内置小型蓄电池。

6.3.3 海边及海岛站点应优先选用小型风力发电机供电。太阳能控制器和风力发电机组输出电压应为直流－48V。

6.3.4 机房柜式空调宜采用三相交流电源供电，壁挂式空调、室外机柜中的空调单元宜采用单相交流供电。

6.3.5 在本市民用建筑中的电气防火一级建筑和公共娱乐场所、学校、幼儿园、医院、老年人建筑内布设电源线缆应采用无卤低烟型，在电气防火二级建筑中的其他类型场所布设电源线缆宜采用无卤低烟型，并均应为阻燃线缆。

6.3.6 室外敷设电源线缆宜选用铠装电缆，或采取穿管或线槽敷设等方式。

6.3.7 照明电、设备用电及空调用电应分路设置。

6.3.8 基站中多种通信设备或多共享方的同类设备要求的后备放电时间不一致时，宜增加分级下电开关，实现分时断电。

6.3.9 共建共享基站采用直流计量时，应在直流电源处设置分路计量装置。

7 动力环境监控系统建设

7.0.1 基站动力环境监控系统建设应遵循现行行业标准《通信局(站)电源、空调及环境集中监控管理系统》YD/T 1363、《移动通信基站工程技术规范》YD/T 5230、《通信电源集中监控系统工程设计规范》YD 5027、《通信局(站)用智能热交换系统》YD/T 1968、《通信局(站)用智能新风节能系统》YD/T 1969、《共建共享的电信基础设施维护技术要求》YD/T 3113 的有关规定。

7.0.2 动力环境监控系统应按表 7.0.2 采集相关系统的运行参数和工作状态。

表 7.0.2 运行参数和工作状态采集要求

监控项目	运行参数/工作状态	监控必要性
电源系统	三相交流电流	必选
	三相交流电压	必选
	直流电压	必选
	直流电流蓄电池组	必选
空调节能系统	空调设备	必选
	智能新风系统进风风机	必选
	智能新风系统排风风机	必选
	智能热交换系统进风风机	必选
	智能热交换系统排风风机	必选
人防技防	照明监控	可选
	视频监控	可选
	门禁	必选
工作环境	烟雾	必选
	火警	必选
	水浸	必选
	温度	必选
	湿度	必选

7.0.3 机房、室外机柜型基站应配置监控单元,并通过传送网络连接到上级监控系统。不具备有线回传条件时,可采用移动公网回传,监控单元的回传模块应设置在移动网覆盖良好的位置。

7.0.4 监控模块应支持 RS-232/RS-422/RS-485 等串行接口,或以太网络接口或其他通用的开放性好、互操作性强、组网简单的现场总线接口。

7.0.5 监控单元和监控模块的安装不应妨碍安全通道和其他设备的开、关门等维护操作。

7.0.6 监控单元壁挂安装时,距地面高度不宜低于1.5m,正面维护距离不应小于1.2m;靠近门轴安装时,侧边距门轴不应小于0.5m。

7.0.7 蓄电池监控模块宜安装在蓄电池上方。

7.0.8 门禁监控模块宜集成在基站防盗门中。

7.0.9 烟雾传感器应安装在开关电源正上方并避开风口。

7.0.10 温湿度传感器应避免安装在空气流动不畅的死角及空调通风孔等温度变化较快的位置,避免被冷、热风机或空调直吹。温湿度传感器的气流通道不应被其他设备或线槽遮挡。

7.0.11 水浸传感器应安装在易进水或积水的低洼位置,如空调室内机、窗户、门和馈线窗的下方或附近。

8 防雷与接地系统建设

8.0.1 基站防雷与接地系统建设应符合现行国家标准《通信局(站)防雷与接地工程设计规范》GB 50689 和现行行业标准《通信局(站)防雷与接地工程设计规范》YD 5098 的规定。

8.0.2 在非防雷建筑物顶部架设楼顶塔桅,塔桅顶端距地高度达到15m 及以上时,应按现行国家标准《建筑物防雷设计规范》GB 50057 中第三类防雷建筑物要求设置防雷系统。

8.0.3 基站及配套设施安装位置处于建筑物防雷保护范围内时,可不另行设置防直击雷装置。

9 安全、节能、环保及资源共享

9.1 安全防护

9.1.1 通信塔(杆)、机房及配套设施建设及维护应符合现行国家标准《建筑设计防火规范》GB 50016、《建筑内部装修设计防火规范》GB 50222、《通信局(站)防雷与接地工程设计规范》GB 50689 及现行行业标准《建筑施工高处作业安全技术规范》JGJ 80、《通信建设工程安全生产操作规范》YD 5201、《移动通信基站工程技术规范》YD/T 5230、《移动通信基站安全防护技术暂行规定》YD/T 5202、《租房改建通信机房安全技术要求》YD/T 2198、《通信系统用户外机柜》YD/T 1537、《移动通信工程钢塔桅结构设计规范》YD/T 5131、《通信局(站)机房环境条件要求与检测方法》YD/T 1821 和现行上海市地方标准《重点单位重要部位安全技术防范系统要求 第 12 部分:通信单位》DB31/329.12 等法律、法规及标准、规范中基站安全防护的相关规定。

9.1.2 施工现场的一切电源、电路的安装和拆除应遵守现行行业标准《施工现场临时用电安全技术规范》JGJ 46 的规定。

9.1.3 设备不应安装在馈线洞、壁挂式空调下方等可能出现渗漏或积水的位置。

9.1.4 机房门、窗、线缆进出口及墙洞应做防漏封堵,机房墙壁、天花板和地板应做防水处理。租用机房内的已有水源应采用末端管道拆除、过路管道包封或增建隔墙等封闭措施。

9.1.5 涉及屋顶天面的工程应做楼面、女儿墙等的防渗防漏。

9.1.6 拆除墙体或开孔洞施工时,应避免破坏墙内管线等隐蔽设施。

9.1.7 机房内不同电压的电源设备和电源插座应有不同的区别标识。

9.1.8 基站配套设施中电源和动力环境监控等设备的选型应符合现行行业标准《电信设备抗地震性能检测规范》YD 5083 的规定。

9.1.9 基站相关设备安装所需的抗震设施及其安装要求应符合现行行业标准《电信设备安装抗震设计规范》YD 5059 的规定。

9.1.10 新增机架、增加天面设备负荷、在原有建筑物或构筑物上增加钢结构时,应进行承重和高处作业安全复核及采取必要的加固和安全措施。

9.1.11 建筑结构安全复核工作宜由建筑物原设计单位承担;当无法找到建筑物或构筑物的设计图纸、验收资料等原始资料时,应请专门机构进行技术鉴定。

9.1.12 加注空调制冷剂后应对加注点进行泄漏检查,确保添加后制冷剂不泄漏。

9.1.13 安装智能换热或智能通风设备的基站应安装隔离网罩,防止小动物进入机房。

9.1.14 多杆合一方式的基站站点建设和维护还应符合各参建行业的安全规范。

9.2 绿色节能

9.2.1 通信塔(杆)、机房及配套设施建设及维护应遵守现行行业标准《通信局(站)节能设计规范》YD 5184、《移动通信基站工程技术规范》YD/T 5230 中的节能相关规定。

9.2.2 电源应采用高效开关整流模块。

9.2.3 电池宜选用磷酸铁锂电池、耐高温铅酸电池等产品,以提高基站节能效果。

9.2.4 采用锂电池储能的基站可结合用电峰谷时段实施电力削

峰填谷方式运行,协同社会用电统筹均衡。

9.2.5 对于新建宏基站,应在机房内设置相变蓄冷空调、智能换热设备、智能通风设备、热管空调等节能设备,并应符合以下要求：

1 基站同时采用多种自然节能设备时,应保证共用或分时使用的节能效率提升。

2 郊区野外站、自建塔下站等被偷盗概率高的基站,应选择智能换热设备或智能通风设备。

3 租赁基站中选址在厂房、公共建筑、小区等具备物业条件的场所的,宜选择对机房改造工程量小并有室外设备维护需求的相变蓄冷空调或热管空调等设备。

4 进站维护困难及周边环境污染严重的基站,不应选择智能通风设备。

9.2.6 空调设备节能可采用以下技术：

1 空调智能控制技术。

2 空调变频技术。

3 面向基站通信设备的定制空调/小型机房专用精密空调技术。

9.3 环境保护

9.3.1 通信塔(杆)、机房及配套设施建设及维护应符合现行行业标准《通信工程建设环境保护技术暂行规定》YD 5039、《移动通信基站工程技术规范》YD/T 5230、《通信局(站)机房环境条件要求与检测方法》YD/T 1821 中的环境保护相关规定。

9.3.2 靠近天线场地设置的本地基站机房和无机房建筑的站点、户外柜等应分别符合现行行业标准《通信局(站)机房环境条件要求与检测方法》YD/T 1821 中 D 类和 E 类机房的环境要求,设置于汇聚和核心局房中的基站机房应符合所在局房的环境要求。

9.4 基础设施共建共享

9.4.1 通信基站基础设施共建共享时,应符合现行国家标准《通信局站共建共享技术规范》GB/T 51125、现行行业标准《移动通信基站工程技术规范》YD/T 5230、《电信基础设施共建共享工程技术暂行规定》YD 5191 及《电信基础设施共建共享技术要求》YD/T 2164 等的有关规定。

9.4.2 多行业基础设施的共建共享还应符合各参建行业的相关规范要求。

9.4.3 共建共享机房应统筹布局设备安装空间;有特殊要求的,再设置各共享方相对独立的使用空间。

9.4.4 共建共享基站应能为各共享方提供交流或直流方式的独立用电计量。

9.4.5 共建共享机房应统一建设机房动力环境监控系统;在条件许可的情况下,产权方可向共享方提供机房环境监控手段。

本标准用词说明

1 为了便于在执行本标准条文时区别对待,对要求严格程度不同的用词说明如下:

1) 表示很严格,非这样做不可的用词:
正面词用"必须";
反面词用"严禁"。

2) 表示严格,在正常情况下均应这样做的用词:
正面词用"应";
反面词用"不应"或"不得"。

3) 表示允许稍有选择,在条件许可时,首先应这样做的用词:
正面词用"宜";
反面词用"不宜"。

4) 表示有选择,在一定条件下可以这样做的用词,采用"可"。

2 标准中应按其他有关标准、规范执行时,写法为:"应符合……规定"或"应按……执行"。

引用标准名录

下列文件对于本标准的应用是必不可少的。凡是注日期的引用文件，仅注日期的版本适用于本标准。凡是不注日期的引用文件，其最新版本(包括所有的修改单)适用于本标准。

1 《混凝土结构设计规范》GB 50010
2 《建筑抗震设计规范》GB 50011
3 《建筑设计防火规范》GB 50016
4 《钢结构设计规范》GB 50017
5 《低压配电设计规范》GB 50054
6 《建筑物防雷设计规范》GB 50057
7 《汽车库、修车库、停车场设计防火规范》GB 50067
8 《高耸结构设计规范》GB 50135
9 《构筑物抗震设计规范》GB 50191
10 《混凝土结构工程施工质量验收规范》GB 50204
11 《电力工程电缆设计规范》GB 50217
12 《建筑内部装修设计防火规范》GB 50222
13 《汽车加油加气站设计与施工规范》GB 50516
14 《钢结构焊接规范》GB 50661
15 《通信局(站)防雷与接地工程设计规范》GB 50689
16 《钢结构工程施工规范》GB 50755
17 《通信局站共建共享技术规范》GB/T 51125
18 《通信电源设备安装工程设计规范》GB 51194
19 《钢筋焊接及验收规程》JGJ 18
20 《施工现场临时用电安全技术规范》JGJ 46
21 《建筑施工高处作业安全技术规范》JGJ 80

22 《通信局(站)电源系统总技术要求》YD/T 1051

23 《通信局(站)电源、空调及环境集中监控管理系统》YD/T 1363

24 《通信系统用户外机柜》YD/T 1537

25 《通信局(站)机房环境条件要求与检测方法》YD/T 1821

26 《通信局(站)用智能热交换系统》YD/T 1968

27 《通信局(站)用智能新风节能系统》YD/T 1969

28 《电信基础设施共建共享技术要求 第1部分:钢塔架》YD/T 2164.1

29 《电信基础设施共建共享技术要求 第2部分:基站设施》YD/T 2164.2

30 《租房改建通信机房安全技术要求》YD/T 2198

31 《共建共享的电信基础设施维护技术要求》YD/T 3113

32 《通信建筑工程设计规范》YD 5003

33 《通信管道与通道工程设计规范》YD 5007

34 《通信电源集中监控系统工程设计规范》YD 5027

35 《通信工程建设环境保护技术暂行规定》YD 5039

36 《电信设备安装抗震设计规范》YD 5059

37 《电信设备抗地震性能检测规范》YD 5083

38 《通信局(站)防雷与接地工程设计规范》YD 5098

39 《通信管道工程施工及验收技术规范》YD 5103

40 《移动通信工程钢塔桅结构设计规范》YD/T 5131

41 《移动通信工程钢塔桅结构验收规范》YD/T 5132

42 《通信管道人孔和手孔图集》YD/T 5178

43 《通信局(站)节能设计规范》YD 5184

44 《通信系统用室外机柜安装设计规定》YD/T 5186

45 《电信基础设施共建共享工程技术暂行规定》YD 5191

46 《通信建设工程安全生产操作规范》YD 5201

47 《移动通信基站安全防护技术暂行规定》YD/T 5202

48 《移动通信基站工程技术规范》YD/T 5230

49 《建筑抗震设计规程》DGJ 08-9
50 《地基基础设计标准》DGJ 08-11
51 《民用建筑电气防火设计规程》DGJ 08-2048
52 《重点单位重要部位安全技术防范系统要求 第 12 部分:通信单位》DB31/329.12

上海市工程建设规范

移动通信基站塔(杆)、
机房及配套设施建设标准

DG/TJ 08-2301-2019
J 14877-2019

条文说明

2020 上海

目 次

- 3 移动通信塔桅与立杆建设 ………………………………… 39
  - 3.2 选 址 …………………………………………………… 39
  - 3.4 塔桅和立杆的建设要求 ………………………………… 40
- 4 基站机房与室外型机柜建设 ………………………………… 42
  - 4.2 基站机房选址原则 ……………………………………… 42
  - 4.3 基站机房建设要求 ……………………………………… 42
- 6 配套电源系统建设 …………………………………………… 43
  - 6.2 外电引入要求 …………………………………………… 43
  - 6.3 基站供电系统建设要求 ………………………………… 45
- 9 安全、节能、环保及资源共享 ……………………………… 47
  - 9.2 绿色节能 ………………………………………………… 47

Contents

3 Mobile communication tower and pole construction 39
   3.2 Site selection 39
   3.4 Technical requirements for construction of tower and pole
          40
4 Base station room and outdoor cabinet construction 42
   4.2 Siting principles of base station room 42
   4.3 Technical requirements for construction of base station
       room 42
6 Power supply system construction 43
   6.2 Electricity introduction requirements 43
   6.3 Construction requirements of power supply system
          45
9 Safety, energysaving, environment protection and sharing
   construction 47
   9.2 Energy saving 47

3 移动通信塔桅与立杆建设

3.2 选址

3.2.2

1 可共享和合设的社会设施资源及特征列举如表1所示。

表 1 社会设施资源及特征

资源类型	产权管理单位	数量特征	位置分布	高度	设施承载余量
市政综合杆（常规及半高杆照明）	市政部门	大量	道路、广场及其他人员活动密集区域	8m～20m	中
市政综合杆（高杆照明）	市政部门	少量	收费站、广场等	20m及以上	中
公交站亭	公交公司	城区多，郊区少	道路两侧、路口较远处	3m～4m	低
电话亭	上海电信	市区较多	道路两侧，广场周边	3m	低
传输杆	电信业务经营者	少量	郊县道路	6m～8m	低
广告杆/牌	产权所有方	多	郊县路口，干道、高速路两侧	10m～20m	高
监控杆	电信、公安等	多	道路、园区、小区等	3m～6m	低

3.2.3 根据《上海市城市总体规划(2017－2035年)》,上海市域城乡体系由主城区－新城－新市镇－乡村构成,其中主城区包括中心城和虹桥、川沙、宝山、闵行等4个主城片区,以及高桥镇和高东镇紧邻中心城的地区;重点建设嘉定、松江、青浦、奉贤、南汇等新城。《上海市公用移动通信基站设置管理办法实施细则》(2018版)第十四条规定:在本市外环线以内及郊区新城区域设置室外宏基站的,站址偏离规划位置不应超过350m;在其他区域设置室外宏基站的,站址偏离规划位置不应超过500m;有更新版本应按新版本要求。

3.4 塔桅和立杆的建设要求

3.4.1 塔桅和立杆的建设还可参考现行协会标准《钢结构单管通信塔技术规程》CECS 236。

3.4.2

2 主流设备的典型尺寸、重量参数如表2所示。

表2 主流设备典型尺寸、重量参数

设备类型	典型尺寸(mm)	典型重量(kg)
4端口定向天线	高1500×宽430×深200	25
24端口定向天线	高2100×宽400×深200	42
RRU	高550×宽350×深200	20
AAU(立方型)	高1400×宽550×深250	47
AAU(圆柱型)	高750×直径150	20
一体化微站	高350×宽250×深200	10

天线间的隔离度依据现行行业标准《电信基础设施共建共享技术要求 第1部分:钢塔架》YD/T 2164.1、《数字蜂窝移动通信网 LTE FDD 无线网工程设计规范》YD/T 5224 和《数字蜂窝移动通信网 TD-LTE 无线网工程设计暂行规定》YD/T 5213等

标准中的有关原则进行计算,并考虑 5G 与其他系统天线间的隔离要求。结合主流设备性能指标和工程经验,各系统天线间水平隔离距离不应小于 2m,垂直隔离距离不应小于 0.5m。水平隔离距离指两天线主瓣方向径向间的水平投影距离;垂直隔离距离指两天线设备下沿和上沿间的垂直投影距离。

4 基站机房与室外型机柜建设

4.2 基站机房选址原则

4.2.7 基站标准机房参考典型规格、面积与配套设施外可装机位置的对应关系如表3所示。

表3 基站机房参考典型规格

序号	机房类型	机房内径尺寸(m×m)	机房面积(m²)	配套设施外装机位(个)
1	土建机房	5×4	20	12
2		5×3	15	6
3	彩钢板房	6×4	24	12
4		5×3	15	6
5	一体化(集装箱)机房	6×2.5	15	6

4.3 基站机房建设要求

4.3.8 防火封堵操作可按现行协会标准《建筑防火封堵应用技术规程》CECS 154 的规定执行。

4.3.13 本市基站空调常用配置规格为 2P、3P 和 5P。

6 配套电源系统建设

6.2 外电引入要求

6.2.4 基站共站情况、配套设备安装条件根据电信业务经营者站点设置需求和安装环境要求综合取定。5G系统外不同配套安装条件下的主要供电负荷情况如表4所示,其中室内覆盖场景的用电容量随场所覆盖面积等因素变化。

表4 不同配套安装条件下的主要供电负荷

配套设备型态	最大共站情况	用电容量	主要供电负荷单元
宏站机房	9系统	40kW	BBU、RRU、传输设备、机房空调、蓄电池
室外机柜	9系统	30kW	BBU、RRU、传输设备、机柜空调、蓄电池
宏站机房	4系统	20kW	BBU、RRU、传输设备、机房空调、蓄电池
室外机柜	4系统	10kW	RRU、机柜空调、蓄电池
室外机箱	2系统	2kW	RRU
室外机箱	单系统	1kW	RRU
室外机箱	单小区	0.5kW	AAU
覆盖面积10万 m^2 及以下的室内覆盖机房	7系统	20kW	BBU、传输设备、机房空调、蓄电池

基站系统信息如表5所示。考虑各电信业务经营者后续新建基站除5G外主要为LTE系统,提供表4中"4系统"的配置;用电容量规格也适用于其他情况5G以外任意4个系统的组合。因5G系统设备仍在不断成熟中,相关功耗需求按设备当前指标单

独列出,其中单个5G宏基站按一套合设的CU-DU和3套AAU核算。

表5 基站系统列表

电信业务经营者	基站系统	宏站4系统典型配置	室内覆盖7系统典型配置
电信	800 MHz CDMA2000		●
	800/1800/2100 MHz LTE FDD/NB-IoT/eMTC	●	●
	3500 MHz 5G		
移动	900/1800 MHz GSM		●
	900 MHz LTE FDD/NB-IoT/eMTC	●	
	1800/2100/2300/2600 MHz TD-LTE	●	●
	2600/4900 MHz 5G		
联通	900/1800 MHz GSM		●
	900/2100 MHz WCDMA		●
	900/1800/2100 MHz LTE FDD/NB-IoT/eMTC	●	●
	3500 MHz 5G		
广电	4900 MHz 5G		
北讯	1400 MHz LTE		

6.2.5 TN-S接地系统指低压交流电源侧中性点不经阻抗直接接地、电气装置侧外露导电部分则通过与接地的中性点进行连接而接地的一种接地类型,低压交流系统中的N线与PE线在全系统内应分开;TT接地系统指低压交流电源侧中性点不经阻抗直接接地(即系统接地)、电气装置的外露导电部分直接接地(即保护接地)的一种接地类型,其系统接地与保护接地分开设置、互相独立。

6.2.6 低压配电系统一般不宜超过三级。

6.2.11 交流配电箱(屏)兼具市电隔离开关功能,其关断状态是通信设备安全检修的保障。

6.3 基站供电系统建设要求

6.3.1 参照现行行业标准《通信局(站)电源系统总技术要求》YD/T 1051 和《通信用 240V 直流供电系统》YD/T 2378，220V 交流电源系统的总压降为 10%，-48V 直流电源系统的总压降为 3.2V，240V、288V、336V 直流电源系统的总压降为 5%。当应用于基站设备远程供电时，交流供电线路全程压降最大不应超过 10%，高压直流供电线路全程压降最大不应超过 15%。

6.3.5 本市民用建筑的电气防火等级参照现行上海市工程建设规范《民用建筑电气防火设计规程》DGJ 08-2048 的规定，见表 6。

表 6 本市民用建筑的电气防火分级

等级	使用场所	
一级	建筑高度不大于24m的公共建筑及建筑高度大于24m的单层公共建筑	一类高层民用建筑
		Ⅰ类汽车库
		1. 每层建筑面积大于 3000m² 的百货楼、展览楼、高级旅馆、财贸金融楼、电信楼、高级办公楼； 2. 重要的科研楼、资料档案楼； 3. 重点文物保护场所； 4. 单栋地上建筑面积大于 50 000m² 的公共建筑； 5. 建筑面积大于 1000m² 的公共娱乐场所、建筑面积(不含厨房)大于 1000m² 的餐饮场所
	地下公共建筑	1. 地铁车站； 2. 长度大于 1000m 的城市交通隧道； 3. 地下影剧院、礼堂； 4. 建筑面积大于 1000m² 的商场、旅馆、展览厅等公共场所； 5. 重要的实验室，图书、资料、档案库

续表 6

等级	使用场所	
	二类高层民用建筑	
	Ⅱ类汽车库	
二级	建筑高度不大于24m的公共建筑及建筑高度大于24m的单层公共建筑	1. 每层建筑面积大于1500m^2但不大于3000m^2的商业楼、财贸金融楼、电信楼、展览楼、旅馆等公共建筑； 2. 区县级的邮政、广播电视、电力调度、防灾指挥调度楼； 3. 中型及以下的影剧院； 4. 图书馆、书库、档案楼； 5. 建筑面积小于等于1000m^2的公共娱乐场所
	地下公共建筑	1. 长度不大于1000m的城市交通隧道； 2. 建筑面积小于等于1000m^2的地下商场、旅馆、展览厅及其他公共场所
三级	不属于一级、二级电气防火等级的其他民用建筑	

注：1. 一类建筑、二类建筑的划分，应符合现行国家标准《建筑设计防火规范》GB 50016 的规定。

2. 汽车库的划分，应符合现行国家标准《汽车库、修车库、停车场设计防火规范》GB 50067 的规定。

9 安全、节能、环保及资源共享

9.2 绿色节能

9.2.6 空调设备的相关节能技术说明如下：

    1 空调智能控制系统通过监测反馈基站设备侧的温度，智能地管理机房空调的设定温度以及起停状态，维护人员可通过动环监控系统远程监控空调的运行状态并修改相应的设定。

    3 从基站通信设备散热特点出发、改良传统基站空调以适应人员使用为核心的设计思路，为基站设备量身定制空调设备。定制空调采用高显热比、电子膨胀阀和下前送风、顶部回风方式，加大送风机风量，并将压缩机置于室内，具有较高的可靠性、能效和稳定性。